观云逐影　魅力昌平

北京昌平十大气象景观

9787502980511

U0841156

十三陵大宫门观蓝天白云

明十三陵，位于昌平区北部天寿山麓，是明朝13位皇帝的陵寝所在地，为第一批全国重点文物保护单位、世界文化遗产、国家AAAAA级旅游景区。行至皇陵处，坐看风云起。历经数百年沧海桑田，在蓝天白云之下依旧雄伟矗立。

拍摄者：肖东梅

十三陵
大宫門觀
藍天白雲

观云逐影 魅力昌平

北京昌平十大气象景观

银山塔林观雪景

银山塔林，位于昌平区兴寿镇西湖村，是第三批全国重点文物保护单位。“银山铁壁”为明、清时“燕平八景”之一。古塔一雪回千年。皑皑白雪掩映下的千年塔林，有品不完的历史古韵，道不完的风雪传奇。

拍摄者：李双双

銀山塔林
觀雪景

观云逐影　魅力昌平

北京昌平十大气象景观

滨河公园观朝霞晚霞

昌平新城滨河森林公园，北起十三陵水库，南至京密引水渠，承担着生态廊道、防灾避险、生态保护、科普教育和休闲游览等功能。滨河公园上空透出云隙光，一束束金光穿透云层照向水面，万丈光芒与湖面交相辉映，形成震撼的视觉效果。

拍摄者：宋建国

濱河公園觀朝霞晚霞

观云逐影　魅力昌平

北京昌平十大气象景观

长峪城观星空

长峪城，位于昌平区流村镇，北依长城，南望镇边城，东邻白羊城，战略位置十分险要，是明代京师防御的重要隘口。明万历年间增筑新城，后发展成村，村以城名。夜深之时，站在长峪城山岭之上，仰望满天繁星，仿佛心有似锦繁花。愿流年不负、岁月可期。

拍摄者：王俊峰

長峪城
觀星空

观云逐影　魅力昌平

北京昌平十大气象景观

居庸关长城观雪景

居庸关，是万里长城久负盛名的关隘，古时就被称为“天下第一雄关”。“居庸霁雪”为明、清时燕平八景之一。古人云：“自古关沟雅韵长，居庸醉雪逸铿锵。”雪后的居庸关长城一片银白世界，山、城、雪浑然一体，雪覆关山，银装素裹，更显关城巍峨、雄阔峻秀！

拍摄者：杨连荣

居庸關長城觀雪景

观云逐影 魅力昌平

北京昌平十大气象景观

后花园观蓝天白云

北京后花园（白虎涧）风景区，位于昌平区阳坊镇前白虎涧村，国家A级旅游景区，自然资源丰富，文化底蕴厚重。蓝天白云倒映在明镜一般的湖水中，片片花瓣落于湖面之上，让人顿感：闲看山间花开花落，静观天外云卷云舒。

拍摄者：董海乐

後季園觀
藍天白雲

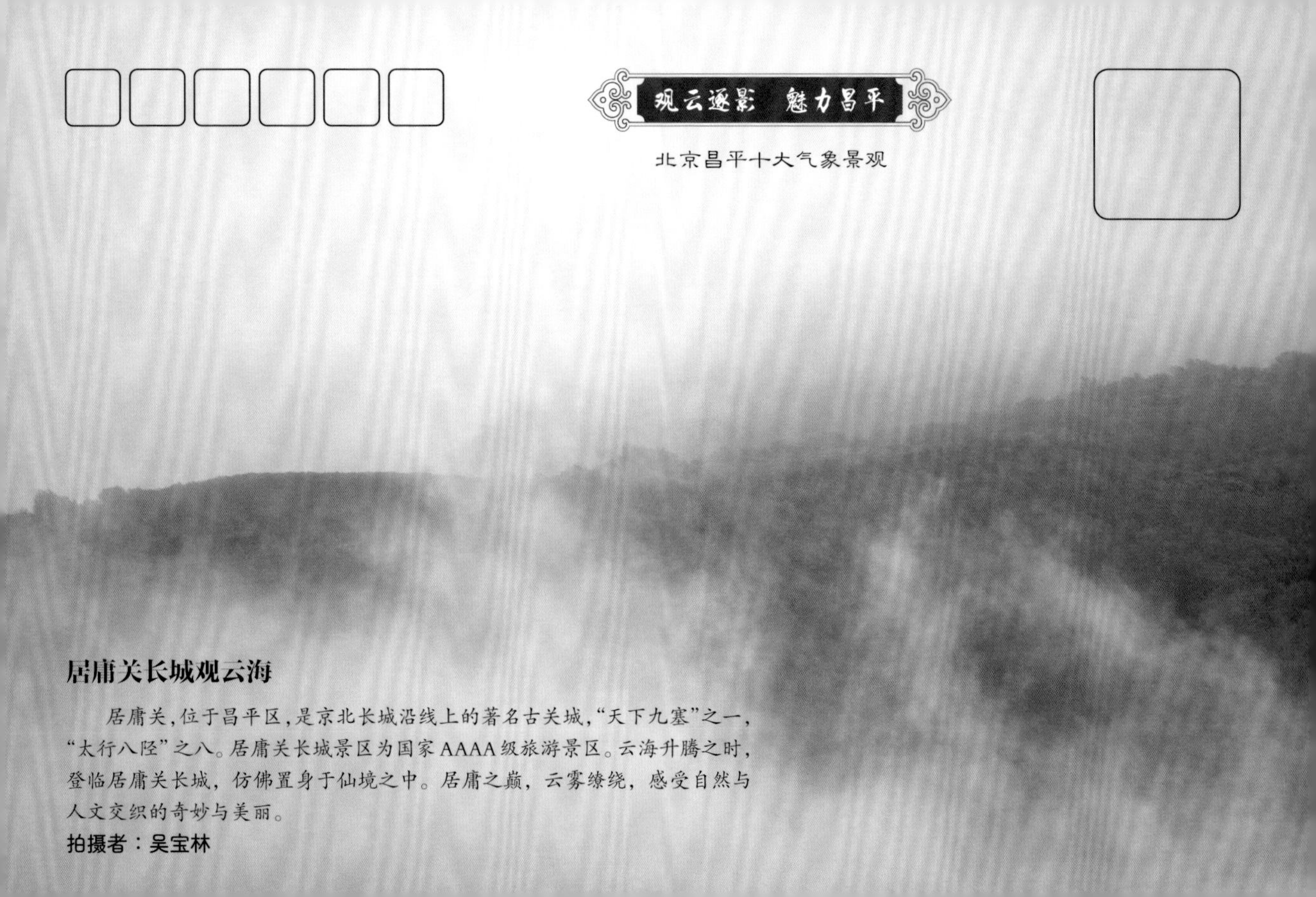

观云逐影　魅力昌平

北京昌平十大气象景观

居庸关长城观云海

居庸关，位于昌平区，是京北长城沿线上的著名古关城，“天下九塞”之一，“太行八陉”之八。居庸关长城景区为国家AAAA级旅游景区。云海升腾之时，登临居庸关长城，仿佛置身于仙境之中。居庸之巅，云雾缭绕，感受自然与人文交织的奇妙与美丽。

拍摄者：吴宝林

居庸關長城觀雲海

观云逐影　魅力昌平

北京昌平十大气象景观

未来科学城观朝霞晚霞

未来科学城，位于昌平区南部，是“创新·科技”之城、“开放·共享”之城、“美好·活力”之城、“低碳·节能”之城和“和谐·生态”之城。彩霞萦绕，流光溢彩，光与影灿烂交织。“你专注拍摄的样子，是我眼中最美的风景。”

拍摄者：张明

未來科學
城觀朝霞
晚霞
37:34/00:18
Fotopro

观云逐影　魅力昌平

北京昌平十大气象景观

蟒山公园观红叶

蟒山国家森林公园，位于昌平区，拥有广阔的自然森林植被景观、独特的人文景观，因其山势起伏如大蟒，故名蟒山。秋季登上层林尽染的蟒山，忽逢一座小亭，转身发现，已被红叶拥入怀中，霜色尽染的山岭，展现着秋的热烈与精彩。

拍摄者：杨江

山公園
觀紅葉

观云逐影　魅力昌平

北京昌平十大气象景观

关沟栈道观花海

每年春天山桃进入盛花期，站在关沟栈道观景台上，漫山遍野的山桃花在居庸关长城两侧形成了大片的粉色花海，一趟趟“开往春天的列车”穿行其间，一幅幅动态画卷尽收眼底。花似锦绣、车如游龙，仿佛置身于浪漫唯美的漫画世界！

拍摄者：朱树堂

關溝棧道